EDMUND HLAWKA

Mathematische Modelle der kinetischen
Gastheorie

Rheinisch-Westfälische Akademie der Wissenschaften

Natur-, Ingenieur- und Wirtschaftswissenschaften   Vorträge · N 240

Herausgegeben von der
Rheinisch-Westfälischen Akademie der Wissenschaften

Westdeutscher Verlag

219. Sitzung am 7. November 1973 in Düsseldorf

ISBN 3-531-08240-X
© 1974 by Westdeutscher Verlag GmbH Opladen
Gesamtherstellung: Westdeutscher Verlag GmbH Opladen
Printed in Germany

Mathematische Modelle der kinetischen Gastheorie

Von *Edmund Hlawka*, Wien

In der klassischen kinetischen Gastheorie, entwickelt von Clausius, Maxwell, Boltzmann und Gibbs, betrachten wir das System Σ, das wir zunächst physikalisch beschreiben wollen. Es sei Σ ein hochverdünntes Gas von N Molekülen, die in einem Kasten K vom Volumen V eingeschlossen sind. Die Temperatur sei so hoch und die Dichte sei so gering angenommen, daß jedes Molekül als ein klassisches Teilchen mit wohldefiniertem Ort und Impuls betrachtet werden kann. Weiterhin nehmen wir an, daß die Moleküle stets als unterscheidbar angesehen werden können. Wir treiben also klassische Physik. Die Wände des Kastens seien Flächen, die auf ein auftreffendes Gasmolekül nur so wirken, daß sie es elastisch reflektieren. Weiter nehmen wir an, daß das Gas so hoch verdünnt ist, daß die Moleküle in keiner Weise aufeinander wirken; außerdem sollen keine Kräfte von außen wirken. Wir machen noch die schwerwiegende Einschränkung, daß zwischen den Molekülen auch keine Stöße auftreten. Diese Einschränkung machen wir nur gezwungenermaßen. Es ist ja gerade ein Vorzug der klassischen Boltzmannschen Theorie, Stöße zu berücksichtigen; allerdings handelt es sich in dieser Theorie nur um Zweierstöße. Die Möglichkeit, daß drei oder mehr Moleküle gleichzeitig stoßen, wird vernachlässigt. Die Theorie führt dann zur berühmten Boltzmannschen Transportgleichung. Erst in letzter Zeit wurden von physikalischer Seite Dreier- und Viererstöße berücksichtigt und die Boltzmannsche Gleichung in dieser Hinsicht erweitert. Es stellte sich aber heraus, daß dann in der Gleichung divergente Terme auftreten (E. G. D. Cohen und I. R. Dorfmann). Aber auch die Boltzmannsche Theorie birgt große mathematische Schwierigkeiten in sich.

Ein erster Ansatz wurde von dem russischen Mathematiker Sinaĭ 1963 angekündigt und eine mehrere hundert Seiten umfassende Arbeit in Aussicht gestellt.

Wir machen noch die weitere Annahme, daß der Kasten, der das Gas einschließt, ein Würfel von einer Länge $\frac{1}{2}L$ ist. Nur in diesem Fall bietet sich bis jetzt die Möglichkeit, die Bewegung der Teilchen im Würfel genauer zu verfolgen. Bereits der Fall, daß das Gas z. B. in einem Tetraeder eingeschlossen ist, bietet Schwierigkeiten, die bis heute nicht überwunden werden konnten. Dies ist sogar der Fall, wenn wir das unphysikalische Beispiel betrachten, daß sich die Moleküle stets in einer Ebene bewegen und in einem Dreieck eingesperrt sind und an den Seiten des Dreiecks elastisch reflektiert werden. Mit diesem Fall hat sich schon Poincaré beschäftigt. In letzter Zeit wurde das spezielle Problem des Dreiecks in Angriff genommen; es liegen aber, soviel ich weiß, noch keine abschließenden Resultate vor.

Was sagt nun die kinetische Gastheorie aus? Die Aussage lautet: Wenn die Anzahl der Teilchen sehr groß ist, dann nimmt das System Σ, bei beliebiger Ausgangslage der Teilchen, im Kasten nach einer genügend langen Zeit eine Gleichgewichtslage ein, und zwar so, daß die Moleküle im Kasten gleich dicht verteilt sind. Man meint dabei, daß in jedem Gebiet G in K vom Volumen $V(G)$ die Anzahl der Teilchen angenähert $N\dfrac{V(G)}{V(K)}$ ist.

Es ist klar, daß über Σ noch zusätzliche Annahmen getroffen werden müssen, und zwar vor allem über die Geschwindigkeiten $v_1, \ldots, v_N$ der N Moleküle. Denn nehmen wir an, daß die Gasmoleküle zur Zeit $t = 0$ sich an einem und demselben Ort befinden und alle die gleiche Geschwindigkeit parallel zu einer der Kanten des Kastens haben, dann ist klar, daß sich die Moleküle nicht im ganzen Kasten ausbreiten können.

§ 1

Die kinetische Gastheorie ist ein Spezialfall der Theorie dynamischer Systeme. Ein mechanisches System Σ wird bestimmt durch $2n$ Funktionen $q_1, \ldots, q_n, p_1, \ldots, p_n$ der Zeit t, die verallgemeinerten Koordinaten und Impulse des Systems, definiert auf einer Mannigfaltigkeit X, und sie sind Lösungen eines Systems von Differentialgleichungen

$$\frac{dq_j}{dt} = \frac{\partial H}{\partial p_j}, \quad \frac{dp_j}{dt} = -\frac{\partial H}{\partial q_j} \qquad (j = 1, \ldots, N).$$

Dabei ist H Funktion der p und q und heißt Hamilton-Funktion des Systems. Man betrachtet gleich allgemeine Systeme von gewöhnlichen Differentialgleichungen

$$\frac{dx_j}{dt} = f_j(x_1, \ldots, x_k) \quad \text{für} \quad j = 1, \ldots, k$$

auf einer Mannigfaltigkeit X im R^k. Ist x_0 ein beliebiger Anfangspunkt, so gibt es dazu eine Lösung $x(t) = (x_1(t) \ldots x_k(t))$. Sie definiert eine Kurve (die Geschichte des Systems vom Anfang x_0) auf X. Damit wird auf X eine einparametrige Gruppe von Transformationen S_t des Phasenraumes X

definiert, wo die Transformation S_t jeden Punkt x_0 zum Punkt $x(t)$ entlang seiner Trajektorie bewegt. In diesem Zusammenhang erwähnen wir gleich den Satz von Poincaré, der aussagt: Für fast alle x_0 auf X und für jede Funktion f auf X kommt $f(x(t))$ seinem Wert $f(x_0)$ bis auf einen beliebig kleinen Fehler unendlich oft beliebig nahe, wenn das System in einem kompakten Teilbereich des Phasenraumes X verbleibt (Poincaré-zykel). Dies wurde vor allem von Zermelo gegen die Theorie von Boltzmann eingewendet, die versucht, die Irreversibilität thermodynamischer Systeme mechanisch zu erklären. Da, wie sich Zermelo ausdrückt, es sehr unwahrscheinlich ist, daß sich die Systeme der Natur gerade in der Ausnahmemenge vom Maße Null des Poincaréschen Satzes aufhalten, ist dies ein schwerwiegender Einwand. Boltzmann selber erwiderte darauf, daß die Widerkehrzeit bei einem Gas von 10^{18} Teilchen ebenfalls von der Größenordnung 10^{18} sec, daher physikalisch uninteressant ist. Wir erwähnen in diesem Zusammenhang den Loschmidtschen Einwand, daß die Gesetze der Mechanik invariant sind in bezug auf die Umkehrung der Zeit. Das steht daher auch im Widerspruch zur Existenz irreversibler Prozesse.

Zur Diskussion dieses Einwandes verweisen wir auf den Artikel von J. Progogine in „The Boltzmann Equations, 1973, Springer-Verlag, S. 40". Kehren wir zur allgemeinen Theorie zurück. In der sogenannten Ergodentheorie betrachtet man noch allgemeinere Systeme $(X, (S_t))$, wo X eine (differenzierbare) Mannigfaltigkeit und die Gruppe (S_t) eine Gruppe von Diffeomorphismen von X ist. Man ordnet nun diesem System $(X, (S_t))$ zwei Räume zu, nämlich 1) den Funktionenraum X'' der Funktionen $f(x)$ auf den Phasenraum X. Die Gruppe S_t erzeugt auf X'' die Gruppe S_t'', definiert durch $(S_t'' f)(x) = f(S_t x)$. 2) Man betrachtet den Raum X^{**} aller Wahrscheinlichkeitsmaße auf X. Die Gruppe (S_t) erzeugt die Gruppe (S_t^{**}), definiert durch

$$(S_t^{**} \lambda)(A) = \lambda(S_t A)$$

für alle $A \subset X$, für die $S_t A$ λ-meßbar ist für alle t und alle $\lambda \in X^{**}$.

Ein Maß $\lambda \in X^{**}$ heißt invariant für die Gruppe (S_t), wenn $S_t^{**} \lambda = \lambda$ für alle t.

Man nennt (X, λ, S_t) ein klassisches dynamisches System.

Wird das System durch eine Hamiltonfunktion H erzeugt, dann haben wir ein natürliches invariantes Maß auf den Mannigfaltigkeiten von konstanter Energie, nämlich die mikrokanonische Verteilung μ. Nach dem bekannten Liouvillschen Satz ist sie auf jeder Energiefläche E definiert durch

$$d\mu = \frac{d\sigma}{\|\operatorname{grad} H\|},$$

wo $\|\ \| =$ Länge von grad H und σ das Volumenelement auf E ist, induziert durch das Volumenelement des R^{2n}.

Ein klassisches System (X, λ, S_t) heißt ergodisch, wenn für jede integrierbare Funktion f gilt

$$\lim_{T\to\infty} \frac{1}{2T} \int_{-T}^{T} f(S_t x_0)\, dt = \int_X f d\lambda$$

für fast alle x_0.

Dieser Begriff der Ergodizität wurde in anderer Form von Boltzmann eingeführt.

Ein ergodisches System ist z. B. das System auf dem Torus X, definiert durch $S_t(x_1, \ldots, x_n) = (x_1 + \omega_1 t \pmod 1) \ldots, x_n + \omega_n t \pmod 1))$, wenn die $\omega_1, \ldots, \omega_n$ linear unabhängig über Q sind und λ das Lebesguesche Maß ist. Als Hauptproblem ist natürlich nachzuweisen, daß ein mechanisches System ergodisch ist. Wenn dies nicht der Fall ist, wird es erzwungen. Man schließt oft so: Es sei Σ ein System, erzeugt von einer Hamiltonfunktion $H_0(q, p)$, und es sei nicht ergodisch. Dann wird durch eine Störung, welche beliebig klein gemacht werden kann, das gestörte System ergodisch. Genauer formuliert: Man betrachtet ein System, erzeugt von einer Hamilton-Funktion $H(p, q, \lambda)$, welche noch von einem Parameter λ abhängt, mit $H(p, q, 0) = H_0(p, q)$, für kleines λ und nimmt an, daß es ergodisch ist. Es wurde aber von Kolmogorow–Arnold–Moser gezeigt, daß es nichtergodische Systeme H_0 (wo H_0 separierbar ist) gibt und trotzdem die gestörten Systeme nicht ergodisch sind. Wie wir schon angedeutet haben, hat Sinaĭ angekündigt, daß das System, gebildet von Kugeln, eingeschlossen in einem Würfel, die an den Wänden elastisch reflektiert werden und deren Zusammenstöße untereinander ebenfalls elastisch sind, ein ergodisches System bildet (auf eine genauere Formulierung sei verzichtet). Der Beweis ist aber bis heute nicht erbracht, und es bleiben noch viele Probleme offen.

§ 2

Wir wollen zu unserem System Σ zurückkehren, welches wir in der Einleitung beschrieben haben. Wir wollen zunächst die Lage $x(t)$ eines Teilchens zur Zeit t im Würfel von der Kantenlänge $\frac{1}{2} L$ bestimmen. Um die Sache einfach zu gestalten, wollen wir zunächst annehmen, daß wir statt eines Würfels ein eindimensionales Intervall $0 \leq x \leq \frac{1}{2} L$ haben. Nach

Voraussetzung ist $x(0) = u$ die Anfangslage und v die Geschwindigkeit des Teilchens. Wir führen noch die Funktion $x'(t) = u + vt$ ein. Es beschreibt $x'(t)$ die Lage des Teilchens zur Zeit t, wenn es nicht im Intervall eingesperrt wäre. Solange $0 \leq x' \leq \frac{1}{2}L$ gilt, ist $x(t) = x'(t)$. Am Intervallende $\frac{1}{2}L$ wird aber das Teilchen reflektiert, also $x(t) = L - x'(t)$, solange $\frac{L}{2} \leq x'(t) \leq L$ gilt. Dann landet das Teilchen am anderen Intervallende 0, wird dort reflektiert und hat dann wieder dieselbe Richtung wie x'. Allgemein zeigt man durch vollständige Induktion, daß $x(t) = (k+1)L - x'(t)$, sofern $(k+\frac{1}{2})L \leq x'(t) \leq (k+1)L$, und $x(t) = x'(t) - kL$, sofern $kL \leq x'(t) \leq (k+\frac{1}{2})L$ gilt. Wir erhalten also

$$x(t) = x'(t) - \left[\frac{x'(t)}{L}\right]L, \text{ sofern } 0 \leq \frac{x'(t)}{L} - \left[\frac{x'(t)}{L}\right] \leq \frac{1}{2}, \text{ und } x(t)$$
$$= \left(\left[\frac{x'(t)}{L}\right] + 1\right)L - x'(t), \text{ sofern } \frac{1}{2} \leq \frac{x'(t)}{L} - \left[\frac{x'(t)}{L}\right] < 1 \text{ ist.}$$

Analog erhalten wir im dreidimensionalen Fall des Würfels bzw. gleich im s-dimensionalen Fall des Intervalls $0 \leq \xi_i \leq \frac{1}{2}L$ ($i = 1, \ldots, s$) die Lage $x(t) = (x^1(t), \ldots, x^s(t))$, wenn $x(0) = (u^1, u^2, \ldots, u^s) = u$ und die Anfangsgeschwindigkeit $v = (v^1, \ldots, v^s)$ ist, wenn wir auf jede Koordinate $x^j(t)$ die vorhergehende Formel des eindimensionalen Falles anwenden.

Um die weiteren Überlegungen zu vereinfachen, nehmen wir wieder $s = 1$. Wir stellen die Frage, wann sich das Teilchen zur Zeit t in einem Teilintervall $J = [a, b]$ von $[0, \frac{1}{2}L]$ aufhält. Es sei χ_J die charakteristische Funktion von J, d. h. $\chi_J(\xi) = 1$, wenn $\xi \in J$ $\chi_J(\xi) = 0$, wenn $\xi \notin J$, dann lautet die Anwort

$$\chi_J(x(t)) = \chi_J\left(x'(t) - \left[\frac{x'(t)}{L}\right]L\right) + \chi_{J'}\left(x'(t) - \left[\frac{x'(t)}{L}\right]L\right),$$

wo J' das Intervall ist, das aus J durch Spiegelung am Punkt $\frac{L}{2}$ entsteht und welches Teilintervall von $\left[\frac{L}{2}, L\right]$ ist. Dies sieht man sofort so ein:

1. Fall: $0 \leq \frac{x'(t)}{L} - \left[\frac{x'(t)}{L}\right] < \frac{1}{2}$. Dann ist, wie oben gezeigt,

$$x(t) = x' - L\left[\frac{x'}{L}\right] \leq \frac{L}{2}, \text{ also } \chi_J(x(t)) = \chi_J\left(x'(t) - \left[\frac{x'(t)}{L}\right]L\right)$$

und $\chi_{J'}\left(x'(t) - \left[\frac{x'(t)}{L}\right]L\right) = 0$. Also ist die Formel richtig.

Im 2. Fall: $\frac{1}{2} \leq \frac{x'(t)}{L} - \left[\frac{x'(t)}{L}\right] < 1$ ist aber $x(t) = \left(1 + \left[\frac{x'(t)}{L}\right]\right) L$
$- x'(t)$, also $\chi_J(x(t)) = \chi_{J'}\left(x'(t) - \left[\frac{x'(t)}{L}\right] L\right)$ und $\chi_J\left(x'(t) - \left[\frac{x'(t)}{L}\right] L\right) = 0$.

Wir betrachten nun das doppelte Intervall $[0, L]$ und J, J' als Teilintervalle von $[0, L]$. Wir vereinfachen jetzt die Formel, indem wir $L = 1$ setzen, und erhalten $\chi_J(x(t)) = \chi_J(x'(t)) + \chi_{J'}(x'(t))$. Dabei haben wir noch die charakteristische Funktion auf der ganzen Zahlengeraden periodisch mit der Periode 1 fortgesetzt, d. h. es ist $\chi_J(\xi) = \chi_J(\xi')$, wenn $\xi' - \xi$ eine ganze Zahl ist.

Betrachten wir jetzt N Massenpunkte mit den Anfangslagen $u_1, \ldots, u_N$ und den Anfangsgeschwindigkeiten $v_1, \ldots, v_N$, setzen $x'_k = u_k + v_k t$, dann ist

$$\frac{1}{N} \sum_{k=1}^{N} \chi_J(x_k(t)) - 2J = \frac{1}{N} \sum_{k=1}^{N} (\chi_J(x'_k(t)) - J) + \frac{1}{N} \sum_{k=1}^{N} (\chi_{J'}(x'_k(t)) - J).$$

Im s-dimensionalen Fall erhalten wir für $L = 1$, also für den Würfel $K: 0 \leq \xi_i \leq \frac{1}{2}$ und für ein Teilintervall J dieses Würfels analog

$$\frac{1}{N} \sum_{k=1}^{N} \chi_J(x_k(t)) - 2^s J = \frac{1}{N} \sum_{r=1}^{2^s} \left(\sum_{k=1}^{N} \chi_{J_r}(x'_k(t)) - J \right),$$

wo die 2^s-Intervalle J_r durch Spiegelung an den Seitenwänden von K aus J hervorgehen. Es ist χ wieder die charakteristische Funktion der zugehörigen Intervalle, periodisch mit der Periode 1 auf dem ganzen R^s fortgesetzt.

§ 3

Wir wollen nun das Verhalten von

$$\Delta_J(t) = \frac{1}{N} \sum_{k=1}^{N} \chi_J(x_k(t)) - 2^s V(J)$$

der lokalen Diskrepanz in J untersuchen. Trivialerweise ist $|\Delta_J(t)| \leq 1$ für alle t. Nach der kinetischen Gastheorie soll nun bei beliebiger Anfangslage von Σ für großes N und t diese lokale Diskrepanz klein sein.

Wir setzen noch $\sup_{J \in K} |\Delta_J(t)| = D_N(t)$, die Diskrepanz von Σ. Nach der kinetischen Gastheorie soll auch für großes t und N $D_N(t)$ klein sein, also

Δ_J klein sein, gleichmäßig in J, unabhängig von der Anfangslage. Dies kann nicht der Fall sein, wie schon Zermelo für allgemeine mechanische Systeme bemerkt hat. Für unser einfaches System Σ kann man dies leicht sehen. Nehmen wir wieder $s = 1$ und alle $u_k = \frac{1}{4}$ (die Teilchen sind also zur Zeit $t = 0$ im Mittelpunkt von K). Weiter sei $J: |\xi - \frac{1}{4}| < \varepsilon < \frac{1}{4}$. Dann gibt es für beliebiges ganzzahliges q sicher ein $\bar{t}$ und ganze Zahlen $g_1, \ldots, g_n$, so daß $|v_k \bar{t} - g_k| < \varepsilon < \frac{1}{4}$. Es ist also $|x_k(\bar{t}) - \frac{1}{4}| < \varepsilon$ und $q \leq \bar{t} \leq q \, \varepsilon^{-N}$. Es liegen also alle $x_k(\bar{t})$ in J, daher ist $\Delta_J = 1 - 2\varepsilon$, und $D_N(\bar{t}) \geq 1 - 2\varepsilon$.

Es kommt also Σ nach einer gewissen Zeit seiner Anfangslage beliebig nahe.

Egervary und P. Turan haben 1951 in Studia Mathematica 12 (170–180) für $s = 3$ und sehr speziellen Annahmen über die Geschwindigkeiten, nämlich

$$v_k = ((N+h)^2, \; (N+h)^2 \sqrt{2}, \; (N+h)^2 \sqrt{3}) \qquad (h = 1, \ldots, N)$$

die Idee entwickelt, daß man $D_N(t)$ nicht für alle t betrachtet, sondern nur für viele t, d. h., daß man eine gewisse Teilmenge der Zeit, in der man das System betrachtet, vernachlässigt. Wir werden das später noch präzisieren. Diesem Standpunkt wollen wir uns anschließen, aber wesentlich allgemeinere Annahmen für die Geschwindigkeiten machen.

Im Geschwindigkeitsraum sei Ω_N die konvexe Hülle der $v_1, \ldots, v_N$, die wir uns vom Nullpunkt aus abgetragen denken. Es ist also Ω_N die kleinste konvexe Menge, die $v_1, \ldots, v_N$ enthält. Den Durchmesser von Ω_N bezeichnen wir mit $2c$. Ist $s = 1$, dann ist Ω_N ein Intervall der Länge $2c$. Wir wollen noch annehmen, was unwesentlich ist, daß Ω den Nullpunkt als Mittelpunkt besitzt. Dies ist sicher der Fall, wenn mit jeder Geschwindigkeit auch die entgegengesetzte Geschwindigkeit unter den $v_1, \ldots, v_N$ vorkommt. Wir wollen c noch die Maximalgeschwindigkeit nennen.

Ist nun r eine Richtung von o aus, dann verstehen wir unter einer Schicht S_r von Ω_N in der Richtung r die Menge, die aus Ω_N durch zwei Ebenen senkrecht zu r ausgeschnitten wird. Den Abstand der beiden Ebenen nennen wir die Höhe $h(S_r)$ von S_r.

Die geometrische Annahme, die wir nun machen, ist die, daß ein $\tau(\Omega)$ existiert, wo $\tau(\Omega) = \tau(\lambda\Omega)$, so daß für alle S_r gilt

$$\frac{V(S_r)}{V(\Omega)} \leq \frac{\tau(\Omega)}{c} h(S_r), \tag{A}$$

wo V Volumen bedeutet. (Es bedeutet $\lambda\Omega$ die konvexe Menge, die durch Streckung mit dem Verhältnis λ aus Ω vom Nullpunkt aus entsteht.) Besitzt Ω innere Punkte, dann existiert immer ein solches τ. Denn dann existiert eine konvexe Distanzfunktion $F(x)$ mit $F(tx) = |t| F(x)$, so daß Ω die Gestalt $F(x) \leq \mu$ hat. Es sei Ω_0 der sogenannte Eichkörper $F(x) \leq 1$. Ist d der Durchmesser von Ω_0, so ist $\mu d = 2c$. Weiter existieren Konstanten C_1, C_2, so daß $C_1 |x| \leq F(x) \leq C_2 |x|$. Es ist bei passendem x_0

$$V(S_r)/V(\Omega) = \int_{\substack{|r(x-x_0)| \leq \frac{h}{2} \\ F(x) \leq \mu}} dx \Big/ \int_{F(x) \leq \mu} dx = \int_{\substack{\left|r\left(x - \frac{x_0}{\mu}\right)\right| \leq \frac{h}{2\mu} \\ F(x) \leq 1}} dx / V(\Omega_0)$$

$$\leq \int_{\substack{\left|r\left(x - \frac{x_0}{\mu}\right)\right| \leq \frac{h}{2\mu} \\ |x| \leq \frac{1}{c_1}}} dx / V(\Omega_0) \leq \frac{h}{\mu} V^{-1}(\Omega_0) = \frac{h}{c} \frac{2}{d} V^{-1}(\Omega_0).$$

Es ist also $\tau(\Omega) = \dfrac{2}{d} V^{-1}(\Omega_0)$.

Wir setzen nun

$$\check{D}_N = \sup_{r, S_r} \left| \frac{N(S_r)}{N} - \frac{V(S_r)}{V(\Omega)} \right|, \tag{0}$$

wo $N(S_r)$ die Anzahl der $v_1, \ldots, v_N$ in S_r ist und sich das Supremum über alle Richtungen r und alle Schichten S_r erstreckt. Wir nennen $\check{D}_N$ die Diskrepanz der Geschwindigkeiten von Σ. Es ist $\check{D}_N \leq 1$. Man kann zeigen, daß für fast alle Systeme $(v_1, \ldots, v_N)$ in Ω_N stets $\check{D}_N \leq (1 + \varepsilon) \times \dfrac{\log \log N}{\sqrt{N}}$ ist $(\varepsilon > 0)$.

§ 4

Wir wollen nun für $t \geq 0$

$$M(T, \Sigma) = \int_{-T}^{T} D_N^2(t) \, dt$$

untersuchen. Es stellt sich folgende Abschätzung heraus:

$$\varrho(T) = \frac{M(T)}{T} \leq K_3 \operatorname{Min}\left(1, \frac{\tau(\Omega)}{cT} + \check{D}_N (\log^{2s} \check{D}_N + 1)\right), \tag{1}$$

wo K_3 eine absolute Konstante ist, z. B. $K_3 = 100^s$.

Wir wollen den Beweis kurz skizzieren und benützen eine Formel von Erdös–Turan–Koksma: Es sei $K \geq 1$ eine natürliche Zahl, dann ist

$$D_N \leq K_2 \left(\frac{1}{K} + \sum_{0 \leq \|h\| \leq K} R^{-1}(h) |S(h)| \right).$$

Dabei ist K_2 eine absolute Konstante, $S(h) = \frac{1}{N} \sum_{k=1}^{N} e^{2\pi i h x'_k(l)}$, h Gitterpunkt in R^s, $\|h\| = \text{Max}(|p_1(h)|, \ldots, |p_s(h)|)$ ($p_j(h)$: $j$te Komponente von h), $R(h) = \prod_{j=1}^{s} \text{Max}(1, |p_j(h)|)$ $hx = \sum_{j=1}^{s} p_j(h) p_j(x)$.

Es ist nun

$$\frac{M(T)}{T} \leq \frac{2}{T} \int_{-2T}^{2T} \left(1 - \frac{|t|}{2T}\right) D_N^2 dt \leq \left(\sqrt{\frac{1}{K}} + \sum_{0 < \|h\| \leq K} R^{-1}(h) \sqrt{M} \right)^2$$

wo

$$M_1 \leq \frac{1}{N} \sum_{i,k=1}^{N} \frac{\sin^2 2\pi T h(v_k - v_i)}{(TN\pi h(v_k - v_i))^2}.$$

Es ist die innere Summe bei festem i gleich

$$\sum_k = \sum_{r=0} \sum_{\substack{k \\ \frac{r}{T} \leq |h(v_k - v_i)| < \frac{r+1}{T}}} \frac{\sin^2 2\pi T h(v_k - v_i)}{(TN\pi h(v_k - v_i))^2}$$

$$\leq \frac{1}{N} \sum_{\substack{h \\ |h(v_k - v_i)| < \frac{1}{T}}} 1 + \sum_{r=1}^{\infty} \frac{1}{r^2} \frac{1}{N} \sum_{\substack{k \\ \frac{r}{T} \leq |h(v_k - v_i)| < \frac{r+1}{T}}} 1.$$

Wenn wir (A) anwenden, so ist nach Definition von $\check{D}_N$, und *nur* das verwenden wir,

$$\frac{1}{N} \sum_{\substack{k \\ \frac{r}{T} \leq |h(v_k - v_i)| < \frac{r+1}{T}}} 1 \leq 2 \frac{\tau(\Omega)}{c} \frac{1}{|h| T} + \check{D}_N. \qquad (*)$$

Dann wird

$$\sum_k \leq \frac{\tau(\Omega)}{cT} \frac{1}{|h|} + \check{D}_N,$$

und wir erhalten nach kurzer Rechnung die Behauptung, wenn man $K = [\check{D}_N^{-1}]$ nimmt.

Bemerkung: Das Resultat bleibt also richtig, wenn die $v_1, \ldots, v_N$ alle auf dem Rand von Ω_N liegen und $\check{D}_N$ durch $(*)$ definiert wird.

Man kann zeigen, daß die Abschätzung von $M(T)$ nicht so schlecht ist. Wenn $u_1 = \ldots = u_N = 0$, so ist $\dfrac{M(T)}{T} \geq K_1\left(\dfrac{1}{cT} - \check{D}_N\right)$ bei passendem K_1. Am einfachsten wird die Abschätzung für $T_0 = \dfrac{\tau(\Omega)}{c\check{D}_N}$, denn dann ist

$$\varrho(T_0) = \frac{M(T_0)}{T_0} \leq K_3 \operatorname{Min}(1, \check{D}_N(1 + \log^s \check{D}_N^{-1})).$$

T_0 hat eine einfache physikalische Bedeutung, es ist nämlich im wesentlichen die Relaxationszeit. Wenn L nicht 1 ist, dann ist

$$T_0 = \frac{L\tau(\Omega)}{c\check{D}_N}.$$

Es sei nun $\alpha > 0$ eine reelle Zahl und $\mathfrak{W}_\alpha^\pm(T)$ die Menge aller t im Intervall $\langle 0, \pm T \rangle$, wo $D_N(t) \geq \alpha$. Wir wollen $\mathfrak{W}_\alpha^\pm(T)$ kurz die α-Ausnahmemenge nennen. Mit $\mu(\mathfrak{W}_\alpha)$ bezeichnen wir das Lebesguesche Maß von $\mathfrak{W}_\alpha$. Dann ist unmittelbar klar, daß

$$\frac{\mu(\mathfrak{W}_\alpha)}{T} \leq \frac{\varrho(T)}{\alpha^2} = \frac{K_3}{\alpha^2}\left(\frac{\tau(\Omega)}{cT} + \check{D}_N(\log^{2s}\check{D}_N^{-1} + 1)\right) \qquad (2)$$

ist.

Insbesondere ist für T_0

$$\mu(\mathfrak{W}_\alpha^\pm(T_0)) \leq K_3 \frac{\tau(\Omega)}{c\alpha^2}(1 + \log^{2s}\check{D}_N^{-1}). \qquad (2')$$

Nehmen wir $\check{D}_N = 0(N^{-1/2} \log\log N)$, $\tau(\Omega) = 1$, $N = c^3$, $\alpha = c^{-1/3}$, dann ist $D_N(t) < c^{-1/3}$ im Intervall $[0, \sqrt{c}]$ ausgenommen einer Menge vom Maße $0(c^{-1/3} \log^6 c)$.

Ist z. B. $c = 10^4$, dann ist T_0 ungefähr $1\frac{1}{2}$ Stunden und $\mu(\mathfrak{W}_\alpha)$ ungefähr 0,1 Minuten.

Man kann $\mu(\mathfrak{W}_\alpha)$ auch nach unten abschätzen.

Es ist $\int_{\mathfrak{W}_\alpha} D_N^2 = M(T) - \int_{C(\mathfrak{W}_\alpha)} D_N^2 \geq M(T) - \alpha^2 T$,

also

$$\mu(\mathfrak{W}_\alpha) \geq M(T) - 2T\alpha^2.$$

Die Abschätzung ist nur brauchbar für kleine α.

Wir haben $\mathfrak{W}_\alpha^+$ und $\mathfrak{W}_\alpha^-$ gleichzeitig betrachtet, d.h., es ist auch in der Vergangenheit $D_N(T) < \alpha$ in $\langle -T, 0 \rangle$, ausgenommen die Ausnahmemenge $\mathfrak{W}_\alpha^-$. Wir haben also zeitliche Symmetrie vor uns, wie es sein muß. Wir können mit Schrödinger sagen: Ist $t = 0$ ein Endzustand, dann ist anzunehmen, daß das System nicht aus einem noch abnormeren Zustand hervorgegangen ist, und zwar mit großer Wahrscheinlichkeit. Wir wollen nun weitere Folgerungen aus (1) ziehen.

Es sei f eine Funktion von beschränkter Variation $V(f)$ im Würfel K, dann ist

$$\left| \frac{1}{N} \sum_{k=1}^{N} f(x_k(t)) - 2^s \int_K f\,dx \right| \leq V(f) D_N. \tag{3}$$

Diese Formel wurde für $s = 1$ von Koksma in Verallgemeinerung einer Formel von H. Behnke und im mehrdimensionalen Fall vom Verfasser aufgestellt. Es gilt also, daß für alle t in $\langle 0, T \rangle$ ausgenommen die Menge $\mathfrak{W}_\alpha$

$$\left| \frac{1}{N} \sum_{k=1}^{N} f(x_k(t)) - 2^s \int_K f\,dx \right| \leq \alpha V(f). \tag{3'}$$

Dabei ist $\mathfrak{W}_\alpha$ von f unabhängig. Nehmen wir z. B. $s = 1, f = x$, dann ist $\int_K f\,dx = \frac{1}{8}$, und für den Schwerpunkt $S(t) = \frac{1}{N} \sum_{k=1}^{N} x_k(t)$ der N Teilchen gilt $|s(t) - \frac{1}{4}| < \alpha$ für alle t in $\langle 0, T \rangle$, ausgenommen in $\mathfrak{W}_\alpha$ (es ist $\frac{1}{4}$ der Mittelpunkt von K).

Man kann weiter folgendes zeigen: Es sei B eine konvexe Menge in K, also z. B. eine Kugel, dann gilt

$$\left| \frac{1}{N} \sum_{k=1}^{N} \chi_B(x_k(t)) - 2^s V(B) \right| \leq 12^s \alpha^{\frac{1}{s}}$$

für alle t in $\langle 0, T \rangle$, wieder ausgenommen in $\mathfrak{W}_\alpha$, wo $\mathfrak{W}_\alpha$ unabhängig von B ist. Es ist χ_B die charakteristische Funktion von B, also $N_B = \sum_{k=1}^{N} \chi_B(x_k(t))$ die Anzahl der Teilchen B zur Zeit t. Betrachten wir den Ausdruck

$$H(B, t) = \frac{N_B}{2^s NV(B)} \log \frac{N_B}{2^s NV(B)}$$

und nennen ihn die lokale Entropie von Σ in B zur Zeit t. Dann zeigt man leicht, daß für alle t in $\langle 0, T \rangle$, ausgenommen in $\mathfrak{W}_\alpha$,

$$|H(B, t)| < \frac{\alpha^{\frac{1}{s}}}{2^s V(B)} \left(1 + \frac{\alpha^{\frac{1}{s}}}{2^s V(B)} \right)$$

gilt. Wenn also $H(B, 0) \neq 0$ und α genügend klein, dann ist für alle t in $\langle 0, T \rangle$, ausgenommen $\mathfrak{W}_\alpha$,

$$|H(B, t)| < H(B, 0).$$

Das heißt, die Entropie hat, ausgenommen in $\mathfrak{W}_\alpha$, im Vergleich zum Anfangszustand $t = 0$ abgenommen. Das gleiche gilt für $\langle -T, 0 \rangle$, wo jetzt 0 als Endzustand erscheint.

Wir beschränken uns jetzt auf $s = 1$ und $\Omega = \langle -c, c \rangle$ und führen $p_J(t) = \sum_{k=1}^{N} \chi_J(x_k(t)) v_k^2$ ein und nennen p_J den Druck von Σ in J. Dann kann man zeigen, daß in $\langle 0, T \rangle$

$$\left| p_J(t) - \frac{2 V(J) N c^2}{3} \right| < \gamma N c^2,$$

wo $\gamma \leq K_4 (\alpha + \check{D}_N)$, ausgenommen wieder eine Ausnahmemenge $\mathfrak{W}_\alpha$.

Definieren wir als Dichte $\varrho(J, t) = \frac{1}{N} \sum_{k=1}^{N} \chi_J(x_k(t))$ in J und als Temperatur $T(J, t)$ von Σ in J:

$$T(J, t) = p(J, t)/k V(J) \qquad (k = \text{Boltzmannkonstante}),$$

dann ist $\dfrac{p}{kT} - \varrho = 0 \, (\gamma)$ in $\langle 0, T \rangle$, ausgenommen in $\mathfrak{W}_\alpha$.

Dies können wir als Zustandsgleichung von Σ auffassen. Es werden also die Gleichungen des idealen Gases durch Ungleichungen ersetzt.

§ 5

Wir haben bisher nur ein System Σ betrachtet.

Fassen wir nun A Systeme $\Sigma_1, \ldots, \Sigma_A$ ins Auge, alle eingesperrt im Kasten K von der Länge $\frac{1}{2}$. Die Anzahl der Moleküle $X_j = (x_{j1}, \ldots, x_{jN})$ seien in jedem System Σ_j gleich N, aber die Anfangslagen seien $U_j = (u_{j1}, \ldots, u_{jN})$ und die Geschwindigkeiten $V_j = (v_{j1}, \ldots, v_{jN})$ für $1 \leq j \leq A$.

Wir betrachten nun $\mathfrak{S}(A) = \Sigma_1 \times \cdots \times \Sigma_A$, eingesperrt im Kasten K^N. Wir betrachten also X_j ($1 \leq j \leq A$) als A Moleküle im K^N mit den Anfangslagen U_j und den Geschwindigkeiten V_j im Geschwindigkeitsraum R^{sN}.

Es sei $\Omega(A)$ wieder die konvexe Hülle von $V_1, \ldots, V_A$, und wir führen wie früher eine Diskrepanz $\mathfrak{D}(A)$ der Geschwindigkeiten ein. Wir können die früheren Überlegungen jetzt auf $\mathfrak{S}(A)$ eingesperrt in K^N anwenden.

Es sei nun m eine ganze Zahl mit $0 \leq m \leq N$.

Wir fragen nun: Für wie viele Systeme Σ_j ist für ein Intervall J von K

$$\sum_{k=1}^{N} \chi_J(x_{j,k}(t)) = m$$

zur Zeit t? Es sei $A_m(t)$ die Anzahl dieser Systeme.

Es ist, wenn $\exp \xi = e^{2\pi i \xi}$,

$$\frac{A_m(t)}{A} = \frac{1}{A} \sum_{j=1}^{A} \int_0^1 \exp\left(\beta \left(\sum_{k=1}^{N} \chi_J(x_{j,k}(t)) - m\right)\right) d\beta,$$

denn es ist für ganzes s doch $\int_0^1 \exp(\beta(s-m)) d\beta = 1$, wenn $s = m$ und 0 sonst.

Nun ist $e(\beta) \chi_J(x) = (e(\beta) - 1) \chi_J(x) - 1$, also

$$f_\beta(x_1, \ldots, x_N) = e\left(\beta \sum_{k=1}^{N} \chi_J(x_k(t))\right) = \prod_{k=1}^{N} ((e(\beta) - 1) \chi_J(x_k(t)) - 1).$$

Wir wenden nun (3′) auf die Funktion f_β an, die alle damaligen Voraussetzungen erfüllt, die Variation ist $\leq (\pi\beta)^N$, und haben für alle t in $[0, T]$, ausgenommen eine Menge $\mathfrak{W}_\alpha^-$ vom Maße $\varrho_A T/\alpha^2$, wo ϱ_A genauso wie in (1) definiert ist, nun angewendet auf $\mathfrak{S}(A)$,

$$\left| \frac{1}{A} \sum_{j=1}^{A} f_\beta(x_{j1}(t), \ldots, x_{jN}(t)) - 2^{Ns} \int_{K^n} f_\beta(x_1, \ldots, x_N) dx_1 \ldots dx_N) \right|$$
$$< \alpha (\pi\beta)^N.$$

Integriert man über β, so erhält man

$$\left| \frac{A_m(t)}{A} - 2^{Ns} \binom{N}{m} \left(\frac{1}{2^s} - V(J)\right)^{N-m} V(J)^m \right| < \alpha \pi^N \quad \text{für alle } t \text{ in } [0, T],$$

ausgenommen $\mathfrak{W}_\alpha^-$. Für $m = 0$ erhält man

$$\left| \frac{A_0}{A} - (1 - 2^s V(J))^N \right| < \alpha \pi^N.$$

Es sei $A_\eta(t)$ die Anzahl der Systeme, für die ein $\eta > 0$ existiert mit

$$\left| \frac{1}{N} \sum_{k=1}^{N} \chi_J(x_{j,k}(t)) - 2^s V(J) \right| < \eta \sqrt{\frac{pq}{N}},$$

wo $p = 2^s \, V(J)$, $q = 1 - 2^s \, V(J)$, so erhält man

$$\left| \frac{A_\eta(t)}{A} - \frac{2}{\sqrt{2\pi}} \int_0^\eta e^{-\frac{\xi^2}{2}} d\xi \right| < \Delta_J$$

für alle t in $[0, T]$, ausgenommen $\mathfrak{W}_\alpha^-$. Dabei ist

$$\Delta_J = \Delta_1 + \Delta_2,$$

wo $\Delta_1 = 0\,((Npq)^{-1/2})$, $\Delta_2 = 0\,(\alpha \pi^N (pN + \eta \sqrt{Npq})/A)$, wenn $\eta < \sqrt{\dfrac{Np}{q}}$, $Npq \leq 25$.

Damit sind wir zu einer statistischen Betrachtung der Gesamtheit der Systeme Σ_j übergegangen.

Wir möchten zusammenfassend noch folgende Bemerkung machen:

Wir kennen viele Beispiele dafür, wie kausale Gesetze aus Gesetzen der Wahrscheinlichkeit folgen, z. B. die Formeln der Versicherungsmathematik oder die Gesetze der Thermodynamik als Folgerungen der statistischen Mechanik. Hier haben wir gezeigt, wie die Wahrscheinlichkeitsgesetze aus kausalen Gesetzen folgen. Es sind, mit Lipschutz-Yevick zu sprechen, Kausalität und Wahrscheinlichkeit nur Abstraktionen, zwei Gesichter ein und derselben Realität.

Literatur

Zur Ergodentheorie verweisen wir auf das Buch:
V. I. Arnold und A. Avez, Problèmes ergodiques de la Mécanique Classique, Gauthier Villard.
Zu den Untersuchungen von Ja. G. Sinaĭ vgl.:
Ja. G. Sinaĭ, Uspeki mat. Nauk 25, Nr. 2 (152) 141–192 (1970), welche das ebene Billiard behandelt.
E. Hlawka, Symposia Mathematica IV (Istituto Nazionale di Alta Matematica (1970) 81–97, und
Sitzungsberichte der Österr. Akademie der Wissenschaften 174 (1965) 287–307 und 178 (1969) 1–12.
M. Lipschutz-Yevick, Probability and Determinism, American Journal of Physics 25 (1957) 570–580,
gibt noch weitere interessante Beispiele zu dem in dieser Arbeit vertretenen Gesichtspunkt.
(Auf diese Arbeit von Lipschutz-Yevick hat mich P. Turan aufmerksam gemacht.)

Summary

In this paper an ideal gas is considered, where all particles are in a cube. No assumptions are made about the initial positions of the particles, but it is assumed that there are no collisions. It is shown that under general conditions on the initial velocities of the particles they are uniformly distributed in all convex domains of the cube during the whole time except from a "small" portion of it. In the classical kinetic gas theory this is a postulate.

Résumé

Dans cet article il est consideré un gaz ideal, dont tout les particles se trouvent dans un cube. Il n'y a pas d'assomptions concernant les positions initiales des particles, mais il est supposé qu'il n'y a pas des collisions. Il est démontré que sous conditions générales concernant les vélocités initiales des particles ils sont uniformement distribués dans toutes les domaines convexes du cube durant tout le temps sauf une «petite» partie de lui. Dans la théorie de gaz classique c'est un postulat.

Veröffentlichungen
der Arbeitsgemeinschaft für Forschung des Landes Nordrhein-Westfalen
jetzt der Rheinisch-Westfälischen Akademie der Wissenschaften

Neuerscheinungen 1970 bis 1974

Vorträge N Heft Nr.		NATUR-, INGENIEUR- UND WIRTSCHAFTSWISSENSCHAFTEN
201	*Jan Tinbergen, Rotterdam*	Optimale Produktionsstruktur und Forschungsrichtung
	Hans A. Havemann, Aachen	Neue Aspekte der Entwicklungsländerforschung
202	*Peter Mittelstaedt, Köln*	Lorentzinvariante Gravitationstheorie
203	*Heinz Wolff, London*	Bio-Medical Engineering
	Alexander Naumann, Aachen	Strömungsfragen der Medizin
204	*Fritz Schröter, Neu-Ulm*	Vorschläge für eine neue Fernsehbildsynthese
	Henricus P. J. Wijn, Eindhoven	Werkstoffe der Elektrotechnik
205	*Thomas Szabo, Paris*	Elektrische Organe und Elektrorezeption bei Fischen
	Franz Huber, Köln	Nervöse Grundlagen der akustischen Kommunikation bei Insekten
206	*Franz Broich, Marl-Hüls*	Probleme der Petrolchemie
207	*Franz Grosse-Brockhoff, Düsseldorf*	Elektrotherapie des Herzens (Eröffnungsfeier am 6. Mai 1970)
208	*Wolfgang Zerna, Bochum*	Bautechnische Probleme bei der Erstellung von Kernkraftwerken
	Otto Jungbluth, Bochum	Sandwichflächentragwerke im konstruktiven Ingenieurbau
209	*Erwin Gärtner, Köln*	Die Vergasung von festen Brennstoffen – eine Zukunftsaufgabe für den westdeutschen Kohlenbergbau
	Rudolf Schulten, Aachen	Reaktoren zur Erzeugung von Wärme bei hohen Temperaturen
	Werner Peters, Essen	Entwicklung von Verfahren zur Kohlevergasung mit Prozeßwärme aus THT-Reaktoren
210	*Léon H. Dupriez, Löwen*	Währungsprobleme der EWG
	Wilhelm Krelle, Bonn	Die Ausnutzung eines gesamtwirtschaftlichen Prognosesystems für wirtschaftliche Entscheidungen
211	*Bernhard Rensch, Münster*	Probleme der Gedächtnisspuren
	Helmut Ruska†, Düsseldorf	Was kann der Biologe noch von der Elektronenmikroskopie erwarten?
212	*Franz Koenigsberger, Manchester*	Die Wechselwirkung zwischen Forschung und Konstruktion im Werkzeugmaschinenbau
	Rolf Hackstein, Aachen	Quantitative Analyse von Mensch-Maschine-Systemen
213	*Günter Schmölders, Köln*	Die öffentlichen Ausgaben als Elemente einer konjunkturpolitisch orientierten Haushaltsführung
	Erich Potthoff, Köln	Die Einheit der Unternehmensführung bei dezentralen Verantwortungsbereichen
214	*Martin Schmeißer, Dortmund*	Plasmachemie – ein aktuelles Teilgebiet der präparativen Chemie
	Gerhard Fritz, Karlsruhe	Bildung und Eigenschaften von Carbosilanen
215	*Charles Sadron, Orléans*	Die biologischen Makromoleküle
	Adolphe Pacault, Talence/Bordeaux	Einführung in eine phänomenologische Untersuchung der Evolution von Systemen
216	*Werner Th. O. Forßmann, Düsseldorf*	Moderne Knochenbruchbehandlung im allgemeinen Krankenhaus
	Carl-Heinz Fischer, Düsseldorf	Forschungsergebnisse und erste Erfahrungen mit einem neuen Kunststoff-Füllungsmaterial für die Zahnbehandlung
217	*Lothar Jaenicke, Köln*	Sexuallockstoffe im Pflanzenreich
218	*Gerard P. Baerends, Groningen*	Moderne Methoden und Ergebnisse der Verhaltensforschung bei Tieren
	Martin Lindauer, Frankfurt/M.	Orientierung der Bienen: Neue Erkenntnisse – neue Rätsel

219	*Fritz Micheel, Münster*	Reaktionen im flüssigen Fluorwasserstoff; Bildung von Kohlenwasserstoffen aus Kohlenhydraten
	Burchard Franck, Münster	Biosynthese biologisch aktiver Naturstoffe
220	*Basil Joseph Asher Bard, London*	Die Arbeit der National Research Development Corporation und ihre Beurteilung für den industriellen Fortschritt
	Walter Charles Marshall, Harwell	Die Umorientierung eines Kernforschungslaboratoriums
221	*Günter Ecker, Bochum*	Klassische Probleme der Gaselektronik in moderner Sicht
	Werner Rieder, Zürich	Plasma als Schaltmedium
222	*Sven Effert, Aachen*	Biomedizinische Technik
	Ludwig E. Feinendegen, Jülich	Nuklearmedizin im interdisziplinären Feld der Großforschung
223	*Peter A. Klaudy, Graz*	Energieübertragung durch tiefstgekühlte, besonders supraleitende Kabel
	Theodor Wasserrab, Aachen	Elektrospeicherfahrzeuge
224	*Karl Steimel, Frankfurt/M.*	Spurgeführter Schnellverkehr – Schnellverkehr auf der Grundlage des Rad-Schiene-Systems
	Herbert Weh, Braunschweig	Berührungsfreie Fahrtechnik für Schnellbahnen
225	*Hans-Jürgen Engell, Düsseldorf*	Sonderfälle der Korrosion der Metalle
	Winfried Dahl, Aachen	Die mechanischen Eigenschaften der Stähle – wissenschaftliche Grundlagen und Forderungen der Praxis
226	*Wilhelm Dettmering, Essen*	Entwicklungsschritte zur Überschallverdichterstufe
	Friedrich Eichhorn, Aachen	Verfahrenstechnische Entwicklung der Schweißtechnik und ihre Bedeutung für die industrielle Fertigung
227	*Pierre Jollès, Paris*	From Lysozymes to Chitinases: Structural, Kinetic and Crystallographic Studies
	Hugo W. Knipping, Köln	Tuberkulosebekämpfung in Tropenländern
228	*Emanuel Vogel, Köln*	Hückel-Aromaten
229	*Gaston Dupouy, Toulouse*	Microscopie électronique sous haute tension
	Jacques Labeyrie, Gif-sur-Yvette	L'astronomie des hautes énergies
230	*André Lichnerowicz, Paris*	Mathématique, Structuralisme et Transdisciplinarité
231	*Donato Palumbo, Brüssel*	Die Thermonukleare Fusion – ihre Aussichten, Probleme und Fortschritte – innerhalb der Europäischen Gemeinschaft
232	*Oswald Kubaschewski, Teddington (England)*	Praktische Anwendung der metallchemischen Thermodynamik
	Bruno Predel, Münster	Thermodynamik und Aufbau von Legierungen – einige neuere Aspekte
233	*Klaus Wagener, Jülich*	Entwicklung der irdischen Atmosphäre durch die Evolution der Biosphäre
234	*Eduard Mückenhausen, Bonn*	Die Produktionskapazität der Böden der Erde
	Hermann Flohn, Bonn	Globale Energiebilanz und Klimaschwankungen
235	*Bernhard Sann, Aachen*	Die Senkung der Maschinenleistung bei Steigerung der Gewinnungsleistung und die Einsteuerung von Maschinen für die schälende Gewinnung von Steinkohle
	Lothar Freytag, Westfalia Lünen	Möglichkeiten der Verwirklichung von Forschungs- und Versuchsergebnissen in der Konstruktion von Maschinen für die schälende Kohlengewinnung
236	*Werner Reichardt, Tübingen*	Verhaltensstudie der musterinduzierten Flugorientierung an der Fliege *Musca domestica*
	Werner Nachtigall, Saarbrücken	Biophysik des Tierflugs
237	*Henry C. J. H. Gelissen, Wassenaar (Niederlande)*	Maßnahmen zur Förderung der regionalen Wirtschaft, gesehen im Blickfeld der EWG
	Horst Albach, Bonn	Kosten- und Ertragsanalyse der beruflichen Bildung
238	*Victor Potter Bond, Upton (USA)*	The Impact of Nuclear Power on the Public: The American Experience
239	*Hennig Stieve, Jülich*	Mechanismen der Erregung von Lichtsinneszellen
240	*Edmund Hlawka, Wien*	Mathematische Modelle der kinetischen Gastheorie

ABHANDLUNGEN

Band Nr.

15	*Gerd Dicke, Krefeld*	Der Identitätsgedanke bei Feuerbach und Marx
16a	*Helmut Gipper, Bonn, und Hans Schwarz, Münster*	Bibliographisches Handbuch zur Sprachinhaltsforschung, Teil I. Schrifttum zur Sprachinhaltsforschung in alphabetischer Folge nach Verfassern – mit Besprechungen und Inhaltshinweisen (Erscheint in Lieferungen: bisher Bd. I, Lfg. 1–7; und Bd. II, Lfg. 8–16)
17	*Thea Buyken, Bonn*	Das römische Recht in den Constitutionen von Melfi
18	*Lee E. Farr, Brookhaven, Hugo Wilhelm Knipping, Köln, und William H. Lewis, New York*	Nuklearmedizin in der Klinik. Symposion in Köln und Jülich unter besonderer Berücksichtigung der Krebs- und Kreislaufkrankheiten
19	*Hans Schwippert †, Düsseldorf, Volker Aschoff, Aachen, u. a.*	Das Karl-Arnold-Haus. Haus der Wissenschaften der Arbeitsgemeinschaft für Forschung des Landes Nordrhein-Westfalen in Düsseldorf. Planungs- und Bauberichte (Herausgegeben von Leo Brandt †, Düsseldorf)
20	*Theodor Schieder, Köln*	Das deutsche Kaiserreich von 1871 als Nationalstaat
21	*Georg Schreiber †, Münster*	Der Bergbau in Geschichte, Ethos und Sakralkultur
22	*Max Braubach, Bonn*	Die Geheimdiplomatie des Prinzen Eugen von Savoyen
23	*Walter F. Schirmer, Bonn, und Ulrich Broich, Göttingen*	Studien zum literarischen Patronat im England des 12. Jahrhunderts
24	*Anton Moortgat, Berlin*	Tell Chuēra in Nordost-Syrien. Vorläufiger Bericht über die dritte Grabungskampagne 1960
25	*Margarete Newels, Bonn*	Poetica de Aristoteles traducida de latin. Ilustrada y comentada por Juan Pablo Martir Rizo (erste kritische Ausgabe des spanischen Textes)
26	*Vilho Niitemaa, Turku, Pentti Renvall, Helsinki, Erich Kunze, Helsinki, und Oscar Nikula, Åbo*	Finnland – gestern und heute
27	*Ahasver von Brandt, Heidelberg, Paul Johansen, Hamburg, Hans van Werveke, Gent, Kjell Kumlien, Stockholm, Hermann Kellenbenz, Köln*	Die Deutsche Hanse als Mittler zwischen Ost und West
28	*Hermann Conrad †, Gerd Kleinheyer, Thea Buyken und Martin Herold, Bonn*	Recht und Verfassung des Reiches in der Zeit Maria Theresias. Die Vorträge zum Unterricht des Erzherzogs Joseph im Natur- und Völkerrecht sowie im Deutschen Staats- und Lehnrecht
29	*Erich Dinkler, Heidelberg*	Das Apsismosaik von S. Apollinare in Classe
30	*Walther Hubatsch, Bonn, Bernhard Stasiewski, Bonn, Reinhard Wittram, Göttingen, Ludwig Petry, Mainz, und Erich Keyser, Marburg (Lahn)*	Deutsche Universitäten und Hochschulen im Osten
31	*Anton Moortgat, Berlin*	Tell Chuēra in Nordost-Syrien. Bericht über die vierte Grabungskampagne 1963
32	*Albrecht Dihle, Köln*	Umstrittene Daten. Untersuchungen zum Auftreten der Griechen am Roten Meer
33	*Heinrich Behnke und Klaus Kopfermann (Hrsgb.), Münster*	Festschrift zur Gedächtnisfeier für Karl Weierstraß 1815–1965
34	*Joh. Leo Weisgerber, Bonn*	Die Namen der Ubier
35	*Otto Sandrock, Bonn*	Zur ergänzenden Vertragsauslegung im materiellen und internationalen Schuldvertragsrecht. Methodologische Untersuchungen zur Rechtsquellenlehre im Schuldvertragsrecht
36	*Iselin Gundermann, Bonn*	Untersuchungen zum Gebetbüchlein der Herzogin Dorothea von Preußen
37	*Ulrich Eisenhardt, Bonn*	Die weltliche Gerichtsbarkeit der Offizialate in Köln, Bonn und Werl im 18. Jahrhundert

38	*Max Braubach, Bonn*	Bonner Professoren und Studenten in den Revolutionsjahren 1848/49
39	*Henning Bock (Bearb.), Berlin*	Adolf von Hildebrand Gesammelte Schriften zur Kunst
40	*Geo Widengren, Uppsala*	Der Feudalismus im alten Iran
41	*Albrecht Dihle, Köln*	Homer-Probleme
42	*Frank Reuter, Erlangen*	Funkmeß. Die Entwicklung und der Einsatz des RADAR-Verfahrens in Deutschland bis zum Ende des Zweiten Weltkrieges
43	*Otto Eißfeldt†, Halle, und Karl Heinrich Rengstorf (Hrsgb.), Münster*	Briefwechsel zwischen Franz Delitzsch und Wolf Wilhelm Graf Baudissin 1866–1890
44	*Reiner Haussherr, Bonn*	Michelangelos Kruzifixus für Vittoria Colonna. Bemerkungen zu Ikonographie und theologischer Deutung
45	*Gerd Kleinheyer, Regensburg*	Zur Rechtsgestalt von Akkusationsprozeß und peinlicher Frage im frühen 17. Jahrhundert. Ein Regensburger Anklageprozeß vor dem Reichshofrat. Anhang: Der Statt Regenspurg Peinliche Gerichtsordnung
46	*Heinrich Lausberg, Münster*	Das Sonett *Les Grenades* von Paul Valéry
47	*Jochen Schröder, Bonn*	Internationale Zuständigkeit. Entwurf eines Systems von Zuständigkeitsinteressen im zwischenstaatlichen Privatverfahrensrecht aufgrund rechtshistorischer, rechtsvergleichender und rechtspolitischer Betrachtungen
48	*Günther Stökl, Köln*	Testament und Siegel Ivans IV.
49	*Michael Weiers, Bonn*	Die Sprache der Moghol der Provinz Herat in Afghanistan
51	*Thea Buyken, Köln*	Die Constitutionen von Melfi und das Jus Francorum

Sonderreihe
PAPYROLOGICA COLONIENSIA

Vol. I
Aloys Kehl, Köln   Der Psalmenkommentar von Tura, Quaternio IX (Pap. Colon. Theol. 1)

Vol. II
Erich Lüddeckens, Würzburg   Demotische und
P. Angelicus Kropp O. P., Klausen   Koptische Texte
Alfred Hermann und Manfred Weber, Köln

Vol. III
Stephanie West, Oxford   The Ptolemaic Papyri of Homer

Vol. IV
Ursula Hagedorn und Dieter Hagedorn, Köln,   Das Archiv des Petaus (P. Petaus)
Louise C. Youtie und Herbert C. Youtie,
Ann Arbor

SONDERVERÖFFENTLICHUNGEN

Der Minister für Wissenschaft und Forschung des Landes Nordrhein-Westfalen – Landesamt für Forschung –   Jahrbuch 1963, 1964, 1965, 1966, 1967, 1968, 1969, 1970 und 1971/72 des Landesamtes für Forschung

Verzeichnisse sämtlicher Veröffentlichungen der Arbeitsgemeinschaft für Forschung des Landes Nordrhein-Westfalen, jetzt der Rheinisch-Westfälischen Akademie der Wissenschaften, können beim Westdeutschen Verlag GmbH, 567 Opladen, Postfach 1620, angefordert werden.